DU

CHEMIN DE FER

DU HAVRE A MARSEILLE,

PAR LA VALLÉE DE LA MARNE.

PAR

HENRI FOURNEL,

INGÉNIEUR AU CORPS ROYAL DES MINES; EX-DIRECTEUR DES MINES,
FORGES ET FONDERIES DU CREUSOT; MEMBRE HONORAIRE DE LA
SOCIÉTÉ HELVÉTIQUE DES SCIENCES NATURELLES.

Une question bien posée
est à moitié résolue.

Première Publication.

Paris,

ALEXANDRE JOHANNEAU, LIBRAIRE,

RUE DU COQ-SAINT-HONORÉ, Nº 8 BIS;

L'AUTEUR, RUE CHANOINESSE, Nº 2,

(CLOÎTRE NOTRE-DAME.)

—

JUIN 1833.

DU

CHEMIN DE FER,

DU HAVRE A MARSEILLE,

PAR

LA VALLEE DE LA MARNE.

DU

CHEMIN DE FER

DU HAVRE A MARSEILLE,

PAR LA VALLÉE DE LA MARNE.

PAR

HENRI FOURNEL,

INGÉNIEUR AU CORPS ROYAL DES MINES; EX-DIRECTEUR DES MINES,
FORGES ET FONDERIES DU CREUSOT; MEMBRE HONORAIRE DE LA
SOCIÉTÉ HELVÉTIQUE DES SCIENCES NATURELLES.

Une question bien posée
est à moitié résolue.

Première Publication.

Paris,

ALEXANDRE JOHANNEAU, LIBRAIRE,
RUE DU COQ-SAINT-HONORÉ, N° 8 BIS;
L'AUTEUR, RUE CHANOINESSE, N° 2,
(CLOÎTRE NOTRE-DAME.)

JUIN 1833.

INTRODUCTION.

Le Ministre des Travaux publics, en deman-
dant aux Chambres les fonds nécessaires pour
faire l'étude du Chemin de Fer du Havre a Marseille, a donné la preuve qu'il avait bien compris sur quelle base repose *aujourd'hui* le véritable intérêt du pays. Cet intérêt est tout entier
dans un large mouvement industriel, qui ne
peut être produit (au moins comme force ini-
tiale) que par le perfectionnement des moyens
de communication; il faut que la France sache
faire pour *organiser la paix* ce que les Romains,
avec leurs *voies*, avaient si bien su faire pour
organiser la conquête.

La demande du Ministre des Travaux publics
renferme implicitement un appel à tous les
hommes qui se sont occupés de cette grande
question; c'est un devoir pour ceux-ci de livrer
dès ce jour le fruit de leurs méditations, le résultat de leurs travaux, pour que le point central auquel viendront aboutir les diverses études
qui seront faites, soit entouré de tous les élé-

mens dont il est nécessaire de tenir compte dans
une décision à laquelle se rattachent des intérêts si graves et si variés. Pour moi, j'ai sur la
ligne que le tracé général doit suivre, une conviction si profonde ; cette conviction repose sur des
considérations tellement dégagées de tout intérêt
personnel ; les avantages qui ressortent de son
adoption m'apparaissent comme si importans,
qu'il me semble impossible que la réunion
d'hommes, quelle qu'elle soit, à laquelle il sera
réservé de décider en dernier ressort ne soit pas
amenée à mon opinion.

Je viens de dire que ma conviction était dé-
gagée de tout intérêt personnel. On ne manquera pas de m'objecter qu'ayant proposé en
1828 et 1829 d'unir la Saône à la Marne par
un Chemin de Fer joignant Gray et Saint-Dizier, je me laisse entraîner aujourd'hui à ratta-
cher la grande ligne projetée à mon ancienne
conception. Mais en vérité cette objection serait puérile. Des Chemins de Fer ont été propo-
sés dès 1825 et 1826 entre Marseille et
Lyon (1), entre le Hâvre et Paris (2), etc.; en

(1) *Observations sur le projet d'établir une grande route
en fer latérale au Rhône.* 1825.
(2) *De l'établissement d'un chemin de fer entre Paris et le
Hâvre,* par M. NAVIER, mai 1816.

quoi ces propositions importent-elles au projet actuel? feront-elles qu'il reçoive tel ou tel nom? Le projet de Chemin de Fer du Hâvre à Marseille est une œuvre nationale dans toute l'étendue de ce mot; l'initiative en appartient au gouvernement qui en propose et favorise l'exécution. Aux travaux antérieurs il reste le mérite d'avoir mis sur la voie en faisant ressortir les avantages de pareilles entreprises; mais il y aurait faiblesse à réclamer aucun droit *d'inventeur,* et si le tracé que j'ai proposé, il y a cinq ans, se trouve compris dans le tracé général, je m'en applaudirai par des motifs tout différens de ceux qui font que l'auteur d'un projet se réjouit de son exécution; je m'en applaudirai par toutes les raisons que je me propose d'exposer dans cet écrit.

Le Ministre des Travaux publics aurait pu poser le problême dans ces termes :

« Quel est le Chemin de Fer qu'il faut *premièrement* construire à travers la France pour
» servir les intérêts industriels les plus nombreux et les plus urgents; et en même temps
» former le tronc auquel il sera le plus facile
» d'attacher des embranchemens aboutissant
» aux places de commerce les plus capitales? »

Une commission compétente aurait résolu le le problème ainsi posé, et les fonds accordés auraient été employés à exécuter la solution donnée, c'est-à-dire à faire l'étude précise du tracé dans la direction adoptée.

Mais bien que la question telle que je viens de la présenter ait un caractère de généralité qui lui a manqué devant la Chambre, on ne peut qu'approuver le Gouvernement de l'avoir circonscrite en nommant le point de départ et le point d'arrivée. Il a évité par ce moyen de placer des milliers d'intérêts en présence, il a été au-devant d'une discussion qui aurait pu devenir interminable, et il arrive, heureusement, qu'en adoptant le tracé que je propose, on satisfait à toutes les conditions que le problème embrasse dans ses termes les plus généraux.

C'est ici le lieu de déclarer que, pour moi, la question est *purement industrielle;* je laisse de côté toutes les considérations que le génie militaire, placé au point de vue des batailles rangées qui se donneront, pourrait faire valoir en faveur de l'attaque ou de la défense; car à mes yeux de pareilles considérations sont devenues moins que *secondaires.* Chaque jour les chances de guerre s'affaiblissent ; nous ne sommes plus exposés à l'*invasion*, parce que nous ne rêvons plus *la conquête;* les armées, qui jusqu'à ce jour ont été des *machines de destruction*, tendent à se transformer en *instrumens de production;* la France devenue ambitieuse de toutes les jouissances de la paix, a conçu une autre gloire que celle de l'extermination de ses voisins. Il n'y a plus sur notre sol que 400,000 hommes qui désirent la guerre. Au reste, pour dire, en passant, ma pensée entière sur ce sujet, je crois que le temps approche où ce que l'on appelle *la guerre* et les *travaux publics* seront réunis dans une même main ; qu'alors l'armée, numériquement double ou triple de ce qu'elle est aujourd'hui, sera entièrement employée à d'immenses travaux ; que les manœuvres et le maniement des armes, *considérés comme gymnastique*, y seront exécutés dans une rare perfection, et que si jamais de nouveaux barbares, envieux de nos richesses et de notre prospérité, concevaient la pensée de nous les ravir, le souverain de ce peuple *vraiment grand* n'aurait qu'à froncer le sourcil pour que ses ennemis soient anéantis.

De Marseille à Lyon, et du Hàvre à Paris, il

peut s'élever des discussions *d'art* relatives au tracé, mais ces débats ne sortiront pas du cercle des ingénieurs. Entre Lyon et Paris la question est bien plus élevée, et les considérations d'art deviennent *secondaires*; je suis bien loin de dire qu'elles sont sans importance, je dis seulement qu'elles ne peuvent être considérées comme *de premier ordre*. Ce qui est certain, c'est que quatre directions se présentent; 1° la Loire; 2° la Seine en remontant vers Dijon; 3° la Seine et l'Yonne en remontant vers Auxerre, et 4° enfin, la Marne que l'on remonterait jusqu'à Saint-Dizier, pour de là joindre Gray et descendre la Saône.

Quels sont les avantages et les désavantages attachés à chacune de ces directions? quelle est celle qui embrasse les plus grands intérêts? telle est la question que je *commence* à examiner dans cette *première publication*, me reservant de compléter cette étude dans les publications suivantes.

DU
CHEMIN DE FER
DU HAVRE A MARSEILLE,

PAR

LA VALLÉE DE LA MARNE.

CHAPITRE PREMIER.

DU TRACÉ.

D'abord je déclare que toutes les études, tous les devis que l'on pourrait présenter *aujourd'hui* sont de valeur presque nulle. Cinq cent mille francs sont demandés pour faire faire, par les ingénieurs, une série d'études détaillées; ce n'est qu'après ce travail achevé qu'il sera possible de présenter des *chiffres* auxquels il sera permis d'ajouter foi. Les tracés faits à la hâte, les devis arrangés au coin du feu (s'il en était présenté) ne peuvent être d'aucun poids dans la balance. Voilà pourquoi, dans cette *première publication*, je ne traite la question que d'une manière *générale*; toute autre marche me semblerait une anticipation.

Quelques ingénieurs seront entraînés à se po
ser le problême de la manière suivante:

« On nous demande de tracer un Chemin-de-
» Fer entre le Hâvre et Marseille. Cherchons
» donc quelle est la ligne la plus courte entre
» ces deux points ? »

'Toutes choses *étant égales d'ailleurs* ils auraient raison ; mais comme, dans le cas dont il
s'agit , toutes choses sont bien loin d'être égales
d'ailleurs, ils auraient tort. Lorsqu'en mars 1832
M. Blum publia une *première notice* sur le
*Chemin de Fer du Hâvre à Marseille, de Stras-
bourg et Basle à Nantes*, le tracé indiqué sur la
carte jointe à ce travail, faisait passer la ligne
en fer par les vallées de l'Yonne, de l'Arman-
çon et de l'Ouche; on arrivait ainsi jusqu'à
Dijon , puis on suivait la route ordinaire
pour aller de Dijon à Châlons-sur-Saône.

Au mois de juin suivant *M. Blum* fit paraître
une *seconde publication* dont il confia la rédac-
tion à *M. Bonnet*, ingénieur des ponts et chaus-
sées, aujourd'hui chargé de la construction du
Chemin-de-Fer d'Epinac. Dans ce travail, M. Blum
avait compris que la ligne la plus courte n'é-
tait pas toujours la meilleure, et son premier
tracé s'y trouvait complètement modifié. Je lis
à la page 14 :

« Il ne nous restait plus qu'à nous décider
» entre les vallées de l'Yonne, de la Seine et de
» la Marne ; et entre ces trois directions nous
» devions choisir celle le long de laquelle le be-

» soin de communications se fait le plus vive-
» ment sentir. *Or, s'il pouvait nous rester quelques*
» *doutes à cet égard, ils ont été tous levés par la*
» *lecture du travail récemment publié par M.* Four-
» nel, *sur la nécessité de créer un Chemin de Fer*
» *entre Gray et St-Dizier* (1). *Après avoir lu ce*
» *travail, nous avons été convaincus que la créa-*
» *tion d'une route à travers la Champagne et la*
» *Lorraine serait pour la France d'une utilité in-*
» *calculable, à cause de l'impulsion qu'elle donne-*
» *rait à la fabrication du fer, qui est la principale*
» *industrie de ce pays.* Nous nous sommes donc
» décidés à tracer notre route suivant la vallée de
» la Marne. *Cette direction est presque aussi courte*
» *entre Paris et Lyon, que celle de la Seine et de*
» *l'Yonne,* et elle l'est davantage entre Paris
» et Strasbourg. »

C'est qu'en effet c'est rétrécir singulièrement
le problème que de ne regarder aujourd'hui
que Marseille et le Hàvre ; il faut avoir constam-
ment devant les yeux les lignes qui devront être
rattachées immédiatement à celle-là, et en particulier la ligne depuis si long-temps désirée
entre le Hàvre et Strasbourg. Or, en ouvrant
la carte que j'ai placée à la fin de ce travail,
on voit dès le premier coup-d'œil qu'avec deux
embranchemens partant de Saint-Dizier et je-
tés l'un sur Strasbourg, l'autre sur Verdun, on
a établi :

(1) Une brochure *in-octavo*, chez Johanneau, libraire, rue
du Coq, n. 8 bis. Paris, 1831.

1° La communication entre la Méditerranée et l'Océan en donnant la solution du problème posé dès ce jour par le ministre des travaux publics.

2° La communication entre la Méditerranée et la mer du Nord.

3° La communication entre le Hâvre et l'Allemagne.

Les avantages qui ressortent de ces deux grandes lignes sillonnant la France à angle droit, mettant pour ainsi dire en contact le commerce du Hâvre avec celui de l'Allemagne, le commerce de Marseille avec celui de la Belgique et de la Hollande, sont vraiment incalculables et dignes de fixer les méditations d'un homme d'état.

Mais, dira-t-on, votre ligne est plus longue. Oui et NON.

Oui, si vous ne regardez que Marseille et le Hâvre, et encore je vais dire tout-à-l'heure *de combien* elle est plus longue.

Non, si à votre *programme* vous ajoutez Strasbourg; car arrivés à la hauteur de Saint-Dizier, vous avez parcouru près des deux tiers de la distance qui sépare le Hâvre et Strasbourg.

Maintenant de combien de lieues ai-je donc *alongé* la route de Marseille au Hâvre? Je vais le dire, et on verra que c'est d'une *quantité insignifiante* pour un aussi long trajet.

Je prendrai pour terme de comparaison la

vallée de la Loire et les Chemins de Fer déjà construits (1).

	kilomètres.		Lieues.	Total des lieues.
De Marseille à Lyon. . . .	340		85	
De Lyon à Givors.	18	60	5	
De Givors à Roanne par les chemins de fer.	135	» »	34	
De Roanne à Digoin. . . .	55	» »	14	
De Digoin à Briare (2). . .	187	616	47	
De Briare à Orléans. . . .	65	» »	16	
D'Orléans à Paris par Rambouillet et Versailles. . .	145	» »	36	
De Paris au Hâvre.	220	» »	55	
	1166.	216	291.55	291.55

En considérant l'autre ligne nous avons :

	Kilomètres.		Lieues.	
De Marseille à Lyon. . . .	340		85	» »
De Lyon à Châlons.	130	(3)	32	50
De Châlons à Gray	116		29	» »
De Gray à St.-Dizier. . . .	170		42	50
De St.-Dizier à Paris. . . .	240		60	» »
De Paris au Hâvre.	220		55	» »
Total.	1,216.		304.	304.

Différence exprimée en lieues, 12 45

(1) Si j'ai choisi la vallée de la Loire pour terme de comparaison, c'est qu'on ne manquera pas de faire valoir en faveur de cette direction les *petites portions* de chemin de fer déjà construites, et que, probablement, cette considération *très faible* en sera une *importante* pour quelques personnes. Quand on en sera à discuter, les raisons à opposer à la vallée de la Loire ne manqueront pas.

(2) C'est le développement donné au *canal latéral* à la Loire. *Dictionnaire de* RAVINET, t. 1er, p. 86. Paris, 1824.

(3) En comptant toutes les sinuosités de la Saône, il y a

Ce qui revient à dire qu'un voyageur parcourant la distance de Marseille au Hâvre serait environ *cinq quarts d'heure de plus en route.* J'aurai à présenter dans le cours de cet écrit les immenses avantages qui compensent ce *grave inconvénient,* mais pour ne parler ici que de la distance, j'observe qu'en suivant la vallée de la Marne, soixante lieues du Chemin de Fer de *Paris à Strasbourg* se trouvent toutes construites, de sorte qu'à ne considérer *que le seul développement,* l'avantage reste encore à cette direction de préférence à toute autre. Et qu'on ne dise pas que je *mêle* ici les questions les unes aux autres, car je serais bien plus en droit de demander que l'on ne *tronquât* pas la *véritable question.*

Une considération qui sera grave aux yeux des ingénieurs, est celle qui est relative aux pentes et à la facilité du tracé. J'affirme à l'avance qu'ils ne trouveront dans aucune autre localité un terrain plus favorable, un cours d'eau plus lent, des matériaux plus faciles à extraire ni plus rapprochés. Quant à la dépense des percemens, dépense qui entraîne par fois si loin, j'appelle toute leur attention sur le col de Chalindrey, situé près des sources de la Marne ; j'ai la certitude que c'est en ce point que doit être franchi le rameau de la chaîne des Vosges

140 kilomètres. Or il est évident que le tracé sera moins long que le cours de la rivière. La route de poste a 32 lieues.

qui se prolonge jusqu'en Bourgogne, et qu'on peut passer ce col au moyen d'une simple tranchée pour redescendre de là vers la vallée de la Saône en suivant le cours du Salon.

Quant aux difficultés qui se présenteront au point central, Paris, elles se trouvent les mêmes pour toutes les directions; ainsi il n'y a pas à s'en occuper quand on compare les différentes vallées à suivre.

En parlant tout à l'heure du tracé par la vallée de la Loire, j'aurais pu dire que la seule ville importante que rencontre ce tracé, est Orléans, qui précisément n'est pas un point commercial; tandis que dans l'autre direction on touche Châlons-sur-Saône, Gray, St-Dizier, que l'on pourrait appeler l'entrepôt de tout le commerce de la Champagne et de la Lorraine. Sans doute St-Étienne a une grande importance, mais St-Étienne aboutit au grand tronc par le Chemin de Fer actuellement construit, et ses produits, une fois transportés à Lyon, il lui est assez indifférent qu'ils arrivent à Paris par une vallée ou par l'autre; il y a plus, c'est que le Chemin de Fer qui longerait la Saône, ouvrirait aux mines de St-Étienne un débouché qui a été minime jusqu'à ce jour, et qui deviendrait immense, comme on va le voir dans le chapitre suivant. Je terminerai celui-ci en citant un passage d'un écrit de MM. Lamé et Clapeyron sur les Chemins de Fer à construire en France.

« Les tracés de Paris à Lyon et de Paris à
» Strasbourg, disent-ils, nous paraîtraient sus-
» ceptibles d'avoir une partie commune, celle
» de Paris à la Saône. Cette partie se dirigerait
» à peu près dans la direction du canal de
» l'Ourcq, jusqu'à la remonte de la Marne, au
» point où elle reçoit le grand Morin. Le Che-
» min, après avoir traversé cette rivière en
» remblai, suivrait la ligne de faîte qui sépare
» le Grand-Morin du Petit-Morin, et viendrait,
» dans les environs de Joinville, suivre la di-
» rection indiquée par M. Henri Fournel, pour
» un Chemin de Fer de Gray à St-Dizier.
» Avant d'arriver à Gray, le Chemin de Fer
» s'infléchirait sur la gauche pour venir, par
» les plaines de Lure et de Béfort, suivre une
» ligne à peu près parallèle au canal du Rhône
» au Rhin, et gagnerait Strasbourg sur la
» droite, et par Gray le Chemin suivrait la
» Saône jusqu'à Lyon. »

CHAPITRE II.

DE LA QUESTION DES FERS EN FRANCE.

Il n'y a pas d'intérêts isolés dans une société, tous se tiennent et s'enchaînent, et ce serait vainement que l'on essaierait de faire de la question des Chemins de Fer une *question à part*. Liée à toutes les industries, elle l'est plus particulièrement aux deux branches qui sont le plus en souffrance, celle des fers et celle des vins. Depuis long-temps les vignobles de la France réclament contre la protection dont la fabrication des fers est couverte comme d'un bouclier représenté par les tarifs prohibitifs qui sont une entrave énorme pour l'exportation des vins, et il ne faut pas se dissimuler qu'il y a un grand fonds de vérité dans cette réclamation. Sous ce rapport, la question des vins est tout-à-fait subordonnée à celle des fers, et comme j'ai l'intime conviction que le tracé du Chemin de Fer à travers la Champagne et la Lorraine serait une double solution de ce problème tant et si infructueusement étudié jusqu'à ce jour, je vais examiner ici avec attention l'industrie des fers en France, et je montrerai ensuite l'influence du tracé que je propose sur l'ensemble de ces intérêts.

Pourquoi la France ne produit-elle pas le fer à un prix aussi bas que celui auquel on le fabrique en Angleterre? Pourquoi ne *perfectionnons-nous pas nos procédés* de manière à obtenir des résultats *semblables* à ceux qui s'obtiennent près de nous?

Ces demandes, qui sont souvent faites, me rappellent toujours la colère et l'obstination de je ne sais quel préfet de la Lozère qui voulait à toute force que l'on trouvât la houille dans *son* département tout *granitique* ou couvert de roches du même âge; et la raison qu'il donnait, c'est qu'il y avait de la houille dans les départemens voisins, il la trouvait *sans réplique*.

La *réponse* est pourtant bien facile.

En Angleterre, les trois *matières premières*, au moyen desquelles on obtient la fonte (houille, minerai, castine), se trouvent ordinairement *réunies*. En France, là où se trouve la houille, le minérai de fer manque totalement ou bien il est peu abondant, et en général nos minières de fer sont à de grandes distances de nos bassins houillers. La localité d'Alais, dans le département du Gard, paraît faire exception à ce que j'avance, *si* tout ce que l'on en dit est vrai (les résultats le montreront); en tout cas la règle que je viens de poser n'en doit pas moins être regardée comme générale pour la France.

Tel est l'obstacle capital qui, toutes choses égales d'ailleurs, empêchera *toujours* qu'il y ait *égalité*, sous ce rapport, entre les deux pays.

Presque tous les hauts-fourneaux de la Grande-Bretagne sont concentrés dans le Staffor-shire et dans le pays de Galles. En plaçant en regard les principaux résultats obtenus dans ces provinces avec ceux obtenus dans les localités de France, *où l'on suit les mêmes procédés*, j'aurai mis en saillie *pour* tous *les yeux* le principe que je viens de poser.

Le tableau suivant offre, pour la France et l'Angleterre, *le prix auquel reviennent les matières premières* nécessaires pour fabriquer mille kilogrammes de *fonte pour fer*.

J'ai laissé de côté la main-d'œuvre, les intérêts de fonds, etc.; je n'ai voulu *comparer* que les élémens qui offrent les différences les plus sensibles, les seuls d'ailleurs qu'il importe de considérer pour le but que je me propose ici.

MATIÈRES PREMIÈRES.	ANGLETERRE.		FRANCE.			
	STAFFORDSHIRE (1).	PAYS de GALLES (2).	CREUSOT (3) (Saône-et-Loire).	ALAIS (4) (Gard).	St-ETIENNE (5) (Haute-Loire).	FIRMY (6) (Aveyron) 1831.
	f. c.	f. c.	f. c.	f. c.	f. c.	f. c.
Houille . .	28 30	17 50	30 50	33 »	33 »	41 40
Minerai. .	25 50	37 20	48 50	37 80	99 »	28 75
Castine . .	5 20	1 30	1 50	4 »	16 »	8 55
Totaux.	59 »	56 »	80 50	74 80	148 »	78 70

Voilà des chiffres qui ressortent uniquement
des localités, et qui sont *indépendans des procédés* adoptés, puisque là on suit les mêmes procédés de fabrication qu'en Angleterre.

La moyenne des deux localités anglaises
est de. . . . . **57** fr. **50** c.

La moyenne des quatre loca-
lités françaises, est de. . . . 95   50
_____

Différence. . . . . 38 fr.   »

(1) *Voyage métallurgique en Angleterre*, par MM. Coste
et Perdonnet. Page 45. Paris, 1830.

(2) *ibid.* Page 67.

(3) *Mémoire sur le chemin de fer de Gray à Verdun*, par
M. H. Fournel. Page 61. Paris, 1831, chez Johanneau, rue
du Coq-St.-Honoré, n. 8 bis.

(4) *Enquête sur les fers.* Page 181. *In-quarto.* Paris,
1829, de l'imprimerie royale.

(5) *Ibid.* Page 172.

(6) *Sur l'usine de Decazeville*, par M. Pillet-Will. Page
98. Paris, 1832.

Observons maintenant qu'avec de la fonte *fabriquée au coke* on ne met guère moins de 1500 kilogrammes de *fonte* pour obtenir 1000 kilogrammes de *fer*, et l'on vóit que, sur les seules matières premières que j'ai comparées, voilà déjà une différence de 57 francs qui ressort à notre désavantage par chaque *tonne* (1000 kil.) de fer obtenue.

- On a dit souvent : Mais si nous fabriquions le fer à meilleur marché, les *Chemins de Fer* pourraient prendre tout le développement dont ils sont susceptibles ; sans doute ; mais on ne s'est pas aperçu que l'on tournait dans un cercle vicieux ; car les distances entre les matières à mettre en contact étant notre principal obstacle, *nous ne pourrons obtenir le fer à plus bas prix qu'à la condition d'avoir des moyens de communication rapides* ET SURTOUT ÉCONOMIQUES, c'est-à-dire, *qu'à la condition d'avoir des Chemins de Fer.*

Ainsi posée, la question se présente comme ayant deux solutions :

Première solution. Construire un réseau de Chemins de Fer avec des *rails* tirés d'Angleterre et que l'on exempterait *exceptionnellement* des droits énormes qu'ils supportent. C'est la solution *constitutionnelle* ou *de bon marché.*

Deuxième solution. Construire le réseau avec des fers français qui coûteraient *le double*, ou à peu près, mais dont l'exécution rendrait la vigueur à des bras découragés qui sauraient bien compenser plus tard à la France l'*avance* qu'ils en auraient reçue. C'est la solution, je ne dirai pas *nationale*, parce que ce terme mesquin n'est pas dans ma pensée, mais *paternelle*, en ce sens qu'elle est comparable au capital accumulé sur la tête d'un enfant pendant le cours de son éducation.

Toutefois, et malgré les expressions dont je viens de me servir, je ne prononce pas *aujourd'hui* entre ces deux solutions, puisque la discussion des élémens qu'elles renferment, m'éloignerait *inutilement* du sujet que j'ai en vue. Je passe de suite aux conséquences, et je suppose le réseau de Chemins de fer construit. Dans ce cas :

Nous trouverions-nous en position de fabriquer au même prix que les Anglais ?

NON,

Car, si économiques que puissent devenir des moyens de transport, ils ne peuvent arriver à être nuls.

Devrions-nous *appliquer en tout point* la fabrication anglaise ?

NON, encore,

Car, je le répéterai sans fin, nous sommes placés dans des conditions différentes.

Quel mode général de fabrication est donc le mieux approprié à la France ?

Le voici :

Rien n'est *absolu* en ce monde, et il n'est pas à dire qu'un procédé bon pour un pays, soit nécessairement bon pour le pays voisin. Quant à moi, je regarde comme une erreur d'avoir *calqué* la fabrication anglaise au lieu *de nous la rendre propre,* en lui faisant subir les modifications voulues par la distribution *naturelle* de nos richesses minérales. La France obtiendrait, en ce genre, les meilleurs résultats possibles, en fabriquant sa fonte *au bois,* et son fer *à la houille.*

Alors, et sans entrer ici dans des calculs qui varieraient nécessairement avec les localités, le résultat auquel on arriverait serait de fabriquer le fer, en France, à un prix qui se rapprocherait plus ou moins du prix auquel les Anglais peuvent le livrer, et à cette *différence de prix* nous aurions à *opposer* une *supériorité de qualité,* car, *toutes choses égales d'ailleurs,* les fers obtenus avec des fontes fabriquées *au bois,* sont supérieurs aux fers qui proviennent de fontes *au coke.*

En jetant un coup-d'œil sur l'avenir de cette industrie, ainsi envisagée, on voit de suite que 1,400 kilog. de *fonte au bois* suffisant largement pour fabriquer 1,000 kilog. de fer, et que le double (1) de houille, *en poids,* étant nécessaire

---

(1) Il faut compter par 1,000 kilogrammes de fer fini :

Pour le puddlage.	1,100 kil. de houille.
Pour la chaufferie.	607
Pour cylindre ébaucheur et marteau. .	550
Pour cylindres finisseurs, tailles. . . .	507 50

Ensemble. . 2,764 50 k. de houille.

pour la même opération ; on voit de suite, dis-je, que les fontes seraient transportées près des houillères, où l'on établirait et où il existe déjà de vastes forges anglaises, et qu'on ne transporterait pas la houille sur les lieux où la fonte aurait été produite.

Tel est, dans l'état actuel de nos connaissances sur la fabrication du fer, le procédé général qui me semble le mieux adapté à la France. Je vais dire dans le chapitre suivant pourquoi la Champagne et la Lorraine me paraissent être dans une position *exceptionnelle*, et je tirerai les conséquences de cette position qui se rapportent au tracé du Chemin de Fer projeté.

(*Voyage métallurgique en Angleterre*, par MM. Costr et PERDONNET, page 155. Paris, 1830.)

Au Creusot, pour faire 1,000 kil. de fer fini avec de la *fonte mazée*, je devais compter sur une dépense en combustible de 36 à 40 hectolitres qui, à 75 kilogr. chaque, donnent *en poids* 2,700 à 3,000 kilogrammes. On voit que ces résultats concordent bien avec ceux recueillis en Angleterre.

CHAPITRE III.

DE LA FABRICATION DU FER DANS LA CHAMPAGNE ET LA LORRAINE. — CONSÉQUENCES IMPORTANTES.

Il est deux provinces, la Champagne et la Lorraine, qui renferment à elles seules le quart des hauts-fourneaux (1) *en activité* dans toute l'étendue de la France, et le département de la Haute-Marne, qui appartient à l'une de ces provinces est, sans contestation possible, le plus important des départemens de la France envisagée sous le rapport de son *industrie sidérotechnique*.

Depuis quelques années, les maîtres de forges de ces contrées, et particulièrement ceux de la Haute-Marne, ont adopté, pour leur fabrication, un procédé *mixte*, dont les avantages évidens, combinés avec l'avantage de la proxi-

(1)

CHAMPAGNE.	Haute-Marne	60 hauts-fourneaux.
	Ardennes.	31
	Marne.	1
LORRAINE.	Meuse.	26
	Vosges.	9

Ensemble . . 127 hauts-fourneaux.

(*Fragment de statistique minéralogique et métallurgique*, par H. FOURNEL. Chez JOHANNEAU, libraire. Paris, 1831).

mité de Paris par le cours de la Marne, sont certainement dignes d'attirer l'attention du gouvernement. Ce n'est pas ici le lieu de décrire ce procédé, les seuls points importans à constater, sont : 1° qu'il ne s'agit pas d'une *hypothèse*, mais d'un *fait accompli*; 2° que ce procédé exige l'*emploi de la houille*; 3° que les avantages qui en ressortent se sont manifestés *malgré le prix excessif auquel* L'ABSENCE DE VOIES DE COMMUNICATION ÉCONOMIQUES fait revenir dans ces contrées les houilles de St-Etienne et des bords du canal du centre.

Je n'ai, je crois, besoin que de citer ces faits pour montrer ce que j'ai entendu en disant que ces départemens se trouvaient dans une *position exceptionnelle* et pour que l'on tire avec moi les conséquences suivantes :

Mettre en communication ces contrées industrieuses, d'une part avec St-Etienne pour s'approvisionner d'un combustible devenu indispensable, d'une autre part avec Paris pour écouler les produits fabriqués, c'est non seulement favoriser les perfectionnemens apportés à la fabrication de nos fers; mais c'est amener aussi la possibilité de baisser, *sans inconvénient*, les tarifs qui prohibent les fers étrangers; car Paris pourra être approvisionné de fer à 350 fr. les 1000 kilogrammes, et cela *avec bénéfice* pour le *producteur* dont l'intérêt ne peut pas être séparé de celui du *consommateur*.

La seconde conséquence qui se présente

d'elle-même, c'est que l'exportation de nos vins serait singulièrement facilitée, puisque les causes qui l'entravent aujourd'hui auraient disparu, et que ces deux industries rivales seraient réconciliées.

La troisième conséquence c'est que par le seul fait de cette communication ainsi établie, un immense débouché se trouverait ouvert aux houilles de St-Etienne, puisque la presque totalité du fer champenois et lorrain se trouverait fabriquée par le procédé *mixte* déjà pratiqué partiellement.

Tel est l'ensemble des intérêts généraux qui se rattachent au tracé du Chemin de Fer par la vallée de la Marne. Je me contente d'indiquer les conséquences qui découlent de l'adoption de cette direction, bien plus que je ne cherche à les développer, ce que je ne ferai qu'au fur et à mesure que le besoin de ces développemens se fera sentir.

Si je descends à des considérations *secondaires* comme celles de la concurrence avec les canaux exécutés, comme celles des forêts qui bordent la Marne, et dont les dévastations si connues cesseraient instantanément, comme celles qui tiennent à l'intérêt particulier aux propriétaires de bois, intérêt que j'ai montré ailleurs (1)

_____

(1) *Mémoire sur le chemin de fer de Gray à Verdun*, par M. H. FOURNEL. Chapitre 2, page 15 et suivantes. Paris, 1831.

être en harmonie parfaite avec la présence d'un nouveau combustible ; je trouve que loin d'être opposées aux considérations *générales* , elles s'ajoutent toutes dans le même sens pour donner à la vallée de la Marne une importance que les intérêts particuliers de telle ou telle ville, de telle ou telle entreprise ne sauraient balancer.

Je veux borner ici cette *première publication,* et la terminer par un *résumé* très-court où se trouvent groupées les principales idées que j'ai émises.

RÉSUMÉ.

1° Se proposer de suivre la ligne la plus courte est une idée *secondaire.*

2° A ne considérer que Marseille et le Hâvre, la direction indiquée ici, comparée à celle de la Loire, alonge de 12 lieues sur un trajet de 3oo lieues.

3° Si, au lieu de considérer seulement deux points, on en prend trois : Marseille , le Hâvre et Strasbourg, le développement du Chemin de Fer par la Marne est *plus court qu'aucun autre.*

4° La direction du sud au nord est celle qui est le plus dépourvue de voies de communication.

5° Le tracé indiqué ici ne présente aucune

difficulté grave sous le rapport des pentes et des percemens.

6° L'adoption du tracé par la vallée de la Marne, modifie, pour la perfectionner, l'industrie du fer dans les contrées de la France où cette industrie a reçu le plus d'extension. Il en résulte :

I. L'abaissement des tarifs sur les fers étrangers.

II. Un débouché ouvert *sans inconvénient* à nos vins.

III. Un immense débouché pour les mines de Saint-Etienne.

7° Ce tracé ne fait concurrence à aucun des canaux existans.

CONCLUSION.

Il est de la plus haute importance que la ligne du Hâvre à Marseille, par Châlons-sur-Saône, Gray, Saint-Dizier et la Marne soit étudiée avec attention, et que toute la sollicitude du Gouvernement pour les *intérêts généraux* de la France, soit portée vers ce tracé.

Je ne dis *pas encore :* ADOPTEZ, je dis : EXAMINEZ.

Paris, ce 20 juin 1833.

ON TROUVE AUSSI

CHEZ ALEXANDRE JOHANNEAU, LIBRAIRE,

Rue du Coq-St-Honoré, N° 8 bis.

MÉMOIRE

SUR

LE CHEMIM DE FER DE GRAY A VERDUN,

Par Henry Fournel,

IN-8°. PRIX : 3 FR.

Fragment

DE

STATISTIQUE MINÉRALOGIQUE ET MÉTALLURGIQUE,

Par le Même,

IN-8°. PRIX : 3 FRANCS 50 CENT.

Imprimerie de Carpentier-Méricourt,

Rue Traînée, N° 15, près Saint-Eustache.

www.ingramcontent.com/pod-product-compliance
Lightning Source LLC
Chambersburg PA
CBHW060523210326
41520CB00015B/4281